[1]

MÉMOIRE (*)

*Sur l'équilibre des Machines aérostatiques, fur les différens
moyens de les faire monter & descendre, & spécialement
fur celui d'exécuter ces manœuvres, fans jeter de left, &
fans perdre d'air inflammable, en ménageant dans le ballon
une capacité particulière, destinée à renfermer de l'air
atmosphérique.*

Préfenté à l'Académie, le 3 Décembre 1783 (1).

Avec une addition contenant une application de cette théorie au cas
particulier du Ballon que MM. Robert conftruifent à Saint - Cloud,
& dans lequel ce moyen doit être employé pour la première fois.

Par M. MEUSNIER, *Lieutenant en premier au Corps Royal du Génie, &
de l'Académie Royale des Sciences.*

LORSQUE, pour faire defcendre une machine aéroftatique, on donne
iffue à l'air inflammable qui y eft renfermé, on ne fait autre chofe que
diminuer fon volume aux dépens du fluide qui en avoit occafionné l'afcenfion: elle ne déplace plus dès-lors dans l'atmofphère un poids d'air
égal au fien propre, & l'excès de pefanteur qu'elle acquiert par ce
moyen, la détermine à s'abaiffer. Mais fi l'on confidère qu'à mefure qu'elle
atteint des couches de l'atmofphère plus baffes que le point dont elle eft
partie, la preffion plus grande qui y règne, diminue de plus en plus le
volume de l'air inflammable qui y étoit demeuré, & précifément dans le

_____

(*) Extrait du Journal de Phyfique, Juillet, 1784.
(1) La confervation des dates, qui s'obferve très-foigneufement à l'Académie, eft un
objet d'autant plus digne d'attention, que l'on doit en quelque forte regarder comme
public ce qui fe lit dans fes affemblées, toujours très-nombreufes, tant par les Acadé-
miciens qui les compofent, que par les étrangers que différentes circonftances y amè-
nent fréquemment. Le moyen dont il s'agit fut imaginé dans le temps que M. Charles
préparoit avec MM. Robert la belle expérience du 1er Décembre ; & le 3 du même
mois, ce Phyficien étant venu rendre compte à l'Académie de fon voyage aérien, l'on
faifit avec un vrai plaifir cette occafion d'expofer des idées qu'il s'étoit mis fi fort en état
de bien apprécier.

A

même rapport que la pesanteur spécifique de l'air environnant augmente, on verra que le poids de l'air, déplacé par le ballon, demeure exactement le même jusqu'à ce qu'il atteigne la surface de la terre, & que l'excès de pesanteur qui en avoit occasionné la première descente, subsistant ainsi à toutes sortes de hauteurs, il est impossible que la machine se retrouve jamais en équilibre. Il n'est donc plus permis de s'arrêter, dès qu'on a commencé à s'abaisser ainsi, & ce moyen, seul employé jusqu'ici, peut bien servir à revenir à terre ; mais il ne peut aider à choisir dans l'air la hauteur que les circonstances pourroient rendre la plus convenable.

On ne remplira pas mieux cet objet, de choisir une hauteur déterminée, en combinant la déperdition du lest avec celle de l'air inflammable. Dès que la machine n'est remplie qu'en partie, comme le demande la supposition qu'on ait évacué une portion de l'air inflammable qu'elle renfermoit, l'équilibre qu'elle obtiendra ainsi ne l'assujettira point à occuper une position unique. On déduit au contraire des principes exposés ci-dessus, que l'égalité entre le poids de toute la machine & celui de l'air qu'elle déplace, aura lieu indifféremment à toutes sortes de hauteurs, depuis le niveau de l'horizon jusqu'au point où la diminution de densité de l'air environnant permettroit à l'air inflammable de remplir totalement la capacité du ballon. Il y aura donc une latitude très-grande, dans laquelle une machine aérostatique, réduite aux moyens dont il s'agit, ne pourra prendre qu'une position fortuite & indépendante des Navigateurs qu'elle portera.

Il résulte de ces réflexions, que la méthode usitée jusqu'ici pour faire descendre & monter les machines aérostatiques, n'a pas seulement l'inconvénient qu'on lui avoit déjà reproché, de mettre en peu de temps l'aérostat hors d'état de naviguer, en consumant successivement l'air inflammable & le lest, desquels dépend toute sa manœuvre : elle rend encore sa position continuellement variable & chancelante ; & si l'on examine même plus particulièrement l'état actuel de ces machines, on verra que, sans qu'il soit question de monter ni de descendre, leur construction les assujettit sans cesse à ce défaut capital, l'appendice appliqué à la partie inférieure du ballon étant une cause de plus qui la rend inévitable. Cette communication établie entre l'air intérieur & celui de l'atmosphère, produisant en effet une parfaite égalité entre l'élasticité de ces deux airs, la machine ne parvient au point le plus haut de sa course, qu'après avoir évacué tout l'air inflammable surabondant à son état d'équilibre. La moindre cause suffit dès-lors pour en déterminer la descente, & la perte d'air inflammable, à laquelle les étoffes que l'on a employées ont toujours été sujettes, donne bientôt à l'aérostat un petit excès de pesanteur, qui, malgré les Navigateurs, les rameneroit bientôt à la surface de la terre, quand même la déperdition continuée ne l'augmenteroit pas de plus en plus. C'est pour éviter cette chute forcée, qu'il devient nécessaire de rendre à la machine un certain excès de légèreté, en jetant une quantité de lest qui sur-

paſſe de quelque choſe l'excès de peſanteur qu'elle avoit acquis ; elle re-
monte alors , pour s'aller mettre en équilibre d'autant plus au-deſſus du
point où elle s'étoit élevée d'abord , que la quantité de leſt qu'on a jetée
a été plus conſidérable ; il s'échappe par l'appendice une nouvelle quantité
d'air inflammable en vertu de cette augmentation de hauteur ; & l'équilibre,
bientôt troublé de nouveau , occaſionne une ſeconde deſcente , qu'on ne
peut empêcher d'être complette, qu'en jetant encore du leſt avant de tou-
cher la terre. C'eſt ainſi que l'état habituel des machines aéroſtatiques ,
telles qu'on les a vues juſqu'ici , eſt de monter & de deſcendre alterna-
tivement, en faiſant de grandes oſcillations , dont l'étendue va toujours
en augmentant , juſqu'à ce qu'ayant jeté tous les poids inutiles, il devienne
impoſſible de tenter de nouvelles aſcenſions.

Il eſt aiſé de voir que c'eſt à l'égalité de preſſion entre l'air intérieur
des ballons & celui de l'atmoſphère , & au changement continuel que
leur volume éprouve par la dilatation ou la compreſſion ſpontanée que
le moindre degré d'aſcenſion ou de deſcente occaſionne à l'air inflammable dont ils ſont remplis , qu'il faut attribuer ce défaut de fixité ; & il en
réſulte que , pour déterminer une machine aéroſtatique à conſerver une
certaine élévation, il feroit néceſſaire ou que ſon enveloppe fût inflexible ,
ou que le fluide dont elle eſt remplie y fût comprimé de manière à être
doué d'une force élaſtique, ſupérieure de quelque choſe à celle de l'air
environnant. Dans les deux cas en effet , ſi une cauſe quelconque portoit
la machine au-deſſus ou au-deſſous du point où elle doit être en équilibre , ſon volume ne pouvant changer , tandis que la peſanteur de l'air
ambiant auroit varié, cette machine ne déplaceroit plus dans l'atmoſphère
un poids égal au ſien propre , & feroit forcée par là de revenir à ſa première poſition. On ſent , au reſte , que l'hypotheſe de l'inflexibilité de l'enveloppe n'a été employée ici, que pour traiter la queſtion dans toute ſa
généralité : on ſait aſſez que la pratique ne permet point d'en fabriquer
de pareilles ; & le ſecond moyen, qui met la flexibilité de l'étoffe d'ac-
cord avec l'immuabilité du volume , eſt le ſeul exécutable.

Cet excès de preſſion de l'air intérieur ſur celui de l'atmoſphère, propre
à donner à l'étoffe du ballon une tenſion qui conſerve ſa forme, eſt donc
une condition indiſpenſable pour l'équilibre ferme & permanent dont un
aéroſtat doit être ſuſceptible à chacune de ſes poſitions. Il nous reſte à
donner le moyen d'en changer à volonté, de manière que la machine,
tranſportée, au gré des Navigateurs, à une hauteur différente, y trouve
encore un équilibre permanent comme le premier. Mais avant d'en ve-
nir aux méthodes de s'élever & de s'abaiſſer, qui ſuppoſent l'excès de
preſſion dont il vient d'être fait mention , nous devons traiter de celle
qui exige au contraire que les machines aéroſtatiques conſervent la conſtruction qu'on leur a donnée à l'origine de la découverte. Il s'agit de l'idée,

proposée par plusieurs personnes, d'employer, pour monter & descendre, des ailes ou des rames, comme pour la direction horizontale.

On peut dire en effet que c'est le seul moyen qui soit applicable à la construction actuelle des machines aérostatiques, & l'égalité de pression entre l'air intérieur du ballon & celui qui l'environne, que nous leur avons reprochée, comme ne pouvant produire qu'un équilibre indifférent à un grand nombre de positions, devient au contraire, dans le cas présent, une propriété avantageuse; puisqu'en vertu de cette indifférence même, la machine prendra, avec une égale facilité, toutes les positions auxquelles ses ailes tendront à la porter. Mais la moindre cause l'en éloigneroit tout aussi facilement : & si sur-tout il se fait une légère déperdition d'air inflammable; si un changement dans la température n'influe pas également sur les densités respectives des fluides intérieur & extérieur, il naîtra dès-lors dans la machine une tendance permanente, soit à monter, soit à descendre; & ce n'est qu'en la combattant par un travail continuel, aux dépens de la direction & des autres manœuvres essentielles, qu'il seroit possible de garder, pendant un certain temps, une élévation à peu près constante; le ballon éprouveroit d'ailleurs des changemens de volume considérables, devenant flasque aux approches de la terre, & se gonflant au contraire dans les hautes régions de l'atmosphère; & ces variations répétées agissant nécessairement sur les points d'attache d'où dépend tout ce que porte l'aérostat, il y auroit lieu de craindre qu'il n'en résultât des dérangemens fâcheux. Le moyen de descendre & de monter avec des ailes ou des rames disposées convenablement, est donc loin de satisfaire à ce qu'exige la navigation qu'il s'agit de créer, & il faut en revenir aux ballons doués d'un équilibre permanent, à l'aide de la tension intérieure que nous avons vu leur être nécessaire.

La question qu'il s'agit de résoudre, consiste donc à munir ces aérostats d'un moyen quelconque, propre à déterminer leur équilibre à des hauteurs différentes à volonté: or, il ne peut y avoir que deux méthodes différentes pour remplir cet objet; soit en faisant varier le volume du ballon, sans rien changer à son poids, soit en rendant le poids de la machine variable, son volume restant le même : ces deux principes embrassent évidemment toutes les dispositions qu'il est possible d'imaginer. Examinons-les successivement, pour nous arrêter à celui dont l'application à la pratique présentera le moins de difficultés ou d'inconvéniens.

Si l'on adoptoit la première méthode, il faudroit employer un mécanisme, dont l'effet fût de faire changer le volume du ballon, dans le rapport des densités de l'atmosphère, aux points extrêmes de la hauteur que la machine auroit à parcourir, & de donner successivement à cette capacité toutes les grandeurs intermédiaires; l'aérostat iroit de toute nécessité chercher l'équilibre dans la région de l'atmosphère où son volume actuel déplaceroit un poids d'air égal au sien. L'on découvre même une propriété très-avantageuse de cette espèce de statique, en examinant suivant quelle loi la différence des hauteurs fait varier l'excès de pression de l'air intérieur ; dont nous avons vu la nécessité ; & l'on trouve que, toujours proportionnel à la densité de l'air extérieur, il ne sauroit jamais exposer l'étoffe à des tensions trop considérables, puisqu'il va toujours en diminuant à mesure que la hauteur augmente, sans pouvoir cependant être jamais anéanti entièrement. Mais le moyen dont il s'agit paroît d'une exécution bien difficile : comment en effet armer le ballon d'un filet assez variable, pour lui permettre d'occuper successivement des volumes peut-être doubles l'un de l'autre, selon les hauteurs plus ou moins considérables auxquelles on voudroit qu'il pût s'élever ? Quelle pourroit être la disposition des cordons destinés à opérer une telle compression ? Et quand il seroit question de les relâcher, leur frottement n'empêcheroit-il pas souvent l'élasticité de l'air renfermé, d'agir, & d'augmenter le volume de la machine, pour la déterminer en même temps à monter ? Nous avons vu d'ailleurs ce que l'idée d'une variation perpétuelle dans la forme extérieure du ballon, présente d'inconvéniens, & tout semble par conséquent s'opposer à cette manière de monter & de descendre, par l'accroissement ou la diminution de la capacité de la machine.

Il ne reste donc plus que le second moyen, qui consiste à faire varier le poids, sans que le volume change : & cette idée subdivisée en renferme plusieurs que nous allons parcourir rapidement. On peut en effet changer le poids d'un aérostat, soit en jetant quelques-uns de ceux qui le lestent, soit en évacuant une partie de l'air inflammable qu'il contient ; & il est bien remarquable que ce dernier moyen, qui n'a servi jusqu'ici qu'à faire descendre les machines aérostatiques, produiroit l'effet contraire, dès qu'on admet l'excès de pression intérieure que nous demandons pour la permanence de l'équilibre. Si du reste l'on examine ce que devient cet excès de pression, à mesure que, par l'un ou l'autre de ces moyens, l'aérostat atteint des hauteurs différentes, on verra qu'il diminue, quand l'ascension a été déterminée par l'évacuation de l'air inflammable, tandis qu'au contraire il augmente, quand c'est par la déperdition du lest ; de sorte qu'en combinant ensemble ces deux manières d'opérer, suivant une loi facile à déterminer, on pourroit obtenir dans toutes les positions un excès constant de pression intérieure, quelques différentes qu'elles fussent entre elles. Mais à quoi bon approfondir plus long-temps deux méthodes qui ne remplissent ni l'une ni l'autre les objets qu'on doit désirer ? Non seulement elles ont le désavantage de faire à chaque manœuvre une perte irréparable, en consumant l'air inflammable ou le lest dont une certaine dépense devient le terme inévitable de la navigation, mais elles ne peuvent servir qu'à élever de plus en plus la machine aérostatique ; & les moyens nous manquent encore pour la faire descendre.

Conduits en effet, par une fuite de raifonnemens néceffaires, à conferver au ballon une forme invariable, pour le faire mouvoir par les changemens de fon poids, nous avons facilement réuffi à diminuer ce poids, par l'évacuation d'une partie de ceux que porte la machine ; mais il n'en peut réfulter que des afcenfions fucceffives ; & pour lui procurer le mouvement contraire, il faudroit pouvoir augmenter fa pefanteur. Que peut-on donc ajouter à un corps ifolé de tous les autres, fi ce n'eft une portion de l'air même dans lequel il nage ? Or, c'eft à quoi nous n'avions pas encore penfé, & cependant toutes les difficultés difparoiffent dès-lors. Il eft clair en effet qu'en comprimant dans le ballon de l'air atmofphérique, fon poids augmentera fans que fon volume change, & qu'il fera par conféquent déterminé à defcendre.

Il n'eft pas difficile d'imaginer après cela de faire remonter la machine, en évacuant ce même air atmofphérique ; elle ne manœuvrera plus alors aux dépens de fa propre fubftance, & le milieu qui l'environne fera la caufe unique de tous fes mouvemens, comme il étoit celle de fon équilibre. Mais cet air qu'on introduit dans l'aéroftat, devant bientôt en reffortir, il faut qu'il foit préfervé de tout mélange avec l'air inflammable, & contenu, par cette raifon, dans une capacité particulière.

Tel eft le moyen que nous cherchions de faire defcendre & monter les machines aéroftatiques, fans jeter de left, fans perdre d'air inflammable, & en confervant au mobile, à chacune de fes pofitions, un équilibre auffi fixe que fi c'étoit la feule qu'il dût jamais occuper. La fimplicité de ce moyen ne laiffe rien à defirer, & ce concours de tous les avantages à la fois eft d'autant plus heureux, que nous n'avions pas le choix : il eft aifé de voir que cette méthode eft unique, & la marche qui nous y a conduits en eft elle-même une démonftration rigoureufe ; puifque c'eft en parcourant toutes les hypothèfes poffibles, & par une fuite d'exclufions continuelles, que nous y fommes parvenus. Rien ne peut donc fuppléer cette organifation que nous fommes forcés de donner aux machines aéroftatiques ; & tout inventeur y fera conduit d'une manière néceffaire, dès que la queftion fera fuffifamment approfondie.

Mais développons les détails de ce mécanifme, & les différens moyens qu'il peut y avoir de le mettre en pratique.

De quelque manière qu'un ballon foit conftruit, quelle que foit fa forme, pourvu qu'il contienne deux capacités diftinctes, dont l'une foit deftinée à renfermer une quantité d'air inflammable toujours conftante, & l'autre un volume variable d'air atmofphérique, il fera propre à tous les changemens de hauteur qu'il s'agiffoit d'obtenir. Il faut feulement que la fomme des deux capacités faffe toujours un volume conftant, & que les deux airs y foient foumis à une compreffion un peu plus forte que celle de l'air environnant. Il fuffit alors, pour que la machine monte, d'ouvrir une issue à l'air atmosphérique intérieur, par le moyen d'un simple robinet. La pression que cet air éprouve en détermine la sortie, le poids de la machine diminue, elle s'élève, & cette ascension dure autant que l'écoulement de l'air intérieur. Ainsi, dès que le robinet par lequel il s'échappoit sera fermé de nouveau, le ballon se fixera, & la densité de l'air environnant sera diminuée alors dans la proportion de la perte de poids que la machine aura faite.

On voit aisément que, pendant cette ascension, le ressort de l'air inflammable fait augmenter la capacité qui le renferme, aux dépens de celle d'où l'air atmosphérique s'échappe, & qu'ainsi le terme de la hauteur que peut acquérir l'aérostat, arrivera, lorsque l'espace destiné à l'air atmosphérique étant réduit à rien, celui de l'air inflammable occupera la capacité entière du ballon.

On voit de même que, pour déterminer la descente, il suffira d'introduire de l'air commun dans l'espace dont il s'agit, avec le soufflet le plus simple. Le poids de la machine augmentant par-là, elle ne pourra plus retrouver l'équilibre que dans une région où la pesanteur spécifique de l'air extérieur soit devenue plus grande en même proportion; & quoique ce soit avec un fluide très léger qu'on cherche à faire varier ainsi le poids de l'aérostat, comme c'est le même que celui dans lequel il flotte, la cause des variations de densité de ce milieu se trouve de même ordre que celle des changemens du poids de la machine, & de petites quantités d'air introduites ou évacuées, suffisent, par cette raison, pour occasionner des changemens notables dans la position du mobile.

Il y a une autre remarque très-importante à faire; c'est que, malgré l'idée qui se présente naturellement, que c'est en comprimant l'air intérieur par l'addition d'un nouvel air, que l'on détermine le ballon à descendre, il éprouve cependant toujours la même pression intérieure, à quelque hauteur qu'on le suppose en équilibre. Cette propriété précieuse de la disposition dont il s'agit, dépend de ce que l'aérostat descendant, trouve des couches d'air douées d'une plus grande élasticité, en même temps qu'elles ont une pesanteur spécifique plus considérable; & la pression extérieure augmentant ainsi, détruit celle qui résulteroit intérieurement, sans cela, d'une plus grande quantité d'air logée dans le même espace. Il suit de cette observation, confirmée par la solution analytique de la question présente, que l'excès de l'élasticité du fluide intérieur sur celle de l'air environnant, demeurant toujours le même, l'étoffe n'est point exposée à une tension variable, & qu'il n'y a par conséquent aucune limite aux usages du moyen que nous venons de donner. Il peut servir à parcourir l'atmosphère, & à y choisir une place à volonté, depuis la surface de la terre jusqu'aux régions les plus hautes auxquelles l'homme puisse subsister.

Il faut cependant observer que la machine doit être construite d'avance, & son étendue calculée d'après la plus grande hauteur à laquelle on voudra qu'elle parvienne. Cette hauteur dépend du rapport qui se trouve entre la quantité d'air inflammable renfermée dans la machine, & sa capacité totale; &, comme nous l'avons déjà remarqué plus haut, l'aérostat parviendra au terme de son ascension, quand cet air inflammable, diminuant de densité en même temps que l'air environnant, aura rempli tout l'espace renfermé par l'étoffe. On ne peut donc, avec une machine donnée, aller au-delà de certaines bornes; mais on peut d'avance leur donner une étendue que rien ne limite.

Mais quelle doit être la disposition de ces deux capacités destinées à loger deux airs différens? On sent qu'il y a plusieurs manières de résoudre cette question dans la pratique; & nous allons encore les parcourir en peu de mots.

On peut séparer l'une de l'autre ces deux capacités par une sorte de diaphragme flexible, semblable pour la forme à une des moitiés de l'enveloppe du ballon. C'est ainsi que j'ai dessiné la machine sur le tableau de l'Académie. L'air inflammable occupe le dessus, laissant le bas à l'air atmosphérique, & le diaphragme qui les sépare doit être habituellement flasque, excepté dans le cas de la plus haute ascension, où l'air inflammable occupant tout le vuide du ballon, & l'air atmosphérique étant entièrement échappé, ce diaphragme seroit exactement appliqué contre l'hémisphère inférieur.

On pourroit encore loger l'air atmosphérique dans un espace renfermé lui-même tout entier dans le ballon qui contient l'air inflammable, en employant pour cela un autre ballon moindre que le premier. L'air atmosphérique rempliroit totalement ce ballon intérieur, lorsque la machine seroit encore au point le plus bas de sa course; mais au point le plus haut, cet air étant totalement évacué, son enveloppe seroit tout-à-fait déprimée, & l'air inflammable occuperoit l'espace entier du ballon extérieur. La capacité du ballon intérieur ne doit donc pas être plus grande que ce dont l'air inflammable devroit se dilater, par la plus haute ascension dont on voudroit rendre la machine susceptible; d'où il suit que cette méthode seroit la plus économique du côté de la quantité d'étoffe à employer, & du poids qui en résulte.

Mais, dans l'une & dans l'autre de ces dispositions, la compression intérieure dont j'ai tant parlé dans ce Mémoire, & que l'objet actuel rend indispensable, devient une cause de plus pour la déperdition de l'air inflammable, déjà si difficile à contenir, & le succès de l'appareil dont il s'agit ici, dépend au contraire de la conservation la plus exacte de ce fluide léger.

Je préférerois donc une méthode tout-à-fait opposée, & je propose de renfermer le ballon à air inflammable dans un autre; l'air atmosphérique seroit logé dans l'intervalle des deux enveloppes, & environneroit de toutes

parts

parts celui qui logeroit l'air inflammable. Cette méthode exige à la vérité, l'emploi d'une quantité d'étoffe plus grande que les deux premieres dont j'ai parlé, fur-tout s'il n'étoit queftion que de s'élever à de petites hauteurs : mais un avantage bien précieux qu'elle préfente, eft que la compreffion intérieure ne tend plus à diffiper l'air inflammable, puifque l'étoffe qui le renferme éprouve cette compreffion également par les deux furfaces ; l'enveloppe extérieure eft feule tendue par cette preffion, mais elle ne peut laiffer échapper que de l'air atmofphérique, & c'eft une perte aifée à réparer.

Il ne faut pas croire au refte que cet excès de preffion intérieure, néceffaire pour conferver la forme du ballon, doive être bien confidérable ; il fuffiroit qu'il pût foutenir quelques lignes de mercure : mais comme c'eft encore de cette preffion que dépend l'excès de légèreté avec lequel l'aéroftat peut s'élever au moment du départ, & qu'il lui faut une certaine vîteffe pour éviter alors les édifices ou les arbres contre lefquels le vent pourroit le porter, on trouve, par le calcul, que, pour une machine de la taille de celle qui vient de partir aux Thuileries, l'excès habituel de l'élafticité de l'air intérieur fur celui de l'atmofphère, doit faire équilibre à environ 1 pouce de mercure, & qu'alors la vîteffe de la première afcenfion pourroit être de 6 à 7 pieds par feconde ; ce qui eft plus que fuffifant.

Tels font les principes d'après lefquels on pourra toujours organifer une machine aéroftatique, de manière qu'après un long voyage, elle foit encore dans le même état qu'au moment de fon départ. C'eft en effet le feul moyen d'obtenir la navigation aérienne que l'on défire fi vivement ; & s'il falloit toujours confommer des reffources confidérables, à chaque pas que l'homme voudroit faire dans l'atmofphère, on ne verroit jamais que des expériences fugitives, & des promenades fans intérêt comme fans utilité.

Ce Mémoire n'eft au refte qu'un fimple expofé de l'état de la queftion. Cette matière demande d'être traitée par des voies plus rigoureufes, & l'on ne doit regarder ce qui précède que comme une introduction à des calculs dont l'objet méritoit d'être préfenté d'une manière auffi détaillée.

A D D I T I O N

AU MÉMOIRE PRÉCÉDENT,

Conténant une application de la théorie qui y est exposée, à un exemple particulier.

MM. Robert, qui conftruifent à Saint - Cloud un très grand ballon, dont ils projettent de faire inceffamment l'expérience, fe propofant de le gouverner, tant en montant qu'en defcendant, par le moyen d'une capacité particulière, renfermant de l'air atmofphérique, & d'après des principes entièrement conformes à ceux que j'avois expofés dans le Mémoire précedent; je ne faurois choifir un meilleur exemple pour faire en nombres l'application de cette théorie à quelque cas particulier. Outre l'avantage de fixer les idées & d'en rendre le développement plus fenfible pour le grand nombre de perfonnes qui ont vu l'exécution de cette belle machine aéroftatique avec tout l'intérêt qu'elle mérite, il peut encore réfulter de ce travail quelque utilité pour le fuccès même de l'expérience; l'ufage du moyen qui y fera employé pour la première fois, demandant, comme on va le voir, à être dirigé par le calcul de fes effets.

Le ballon de Saint Cloud eft un folide formé d'une portion cylindrique de 20 pieds de longueur entre deux demi-fphères de 30 pieds de diamètre, ainfi que le cylindre dont il s'agit. La capacité de ce ballon eft par conféquent double de celle d'une fpère de 30 pieds, c'eft à-dire, de 28,274 pieds cubes. Le poids d'un pareil volume d'air atmofphérique, pris à la furface de la terre, feroit par conféquent d'environ 2457 livres, à de légères variétés prés, dépendantes de la température & de l'état du baromètre.

La manière dont MM. Robert difpofent la capacité qui doit contenir l'air atmofphérique, pour déterminer l'afcenfion ou la defcente du ballon, eft la feconde des trois que j'ai examinées dans mon Mémoire, c'eft-à-dire, que cette capacité eft renfermée tout entière dans l'air inflammable: elle confifte en un ballon fphérique de 19 pieds de diamètre, placé au milieu de la longueur du ballon principal.

La capacité de cette fphère de 19 pieds eft de 3591 pieds cubes, & peut contenir un poids de 312 livres d'air atmofphérique.

Ce ballon intérieur porte un appendice ou tuyau flexible, auquel doit être adapté un foufflet placé dans la galerie qui fera fufpendue à la machine. L'air atmofphérique étant introduit à volonté dans le ballon intérieur, à l'aide de ce foufflet, produira des augmentations fucceffives de

poids , dont l'effet doit être de faire defcendre l'aéroftat , pour ainfi dire ,
pas à pas à chaque coup de foufflet que donneront les Navigateurs. Quand
ils permettront au contraire à ce même air atmofphérique de s'échapper
par une iffue fufceptible d'être ouverte ou fermée à volontée , le ballon
doit remonter par la diminution de fon poids ; & la durée de ces différens mouvemens étant déterminée par celle des manœuvres que nous venons de décrire , la pofition de la machine , dans le fens vertical , fera néceffairement au choix de ceux qui la gouverneront. On voit au refte de
quelle néceffité il eft que l'air intérieur du ballon y éprouve la petite compreffion dont j'ai fait une mention fréquente dans mon Mémoire. Cette
circonftance eft indifpenfable pour déterminer la fortie de l'air atmofphérique , lorfqu'il fera queftion de faire élever le ballon ; & j'ai montré d'ailleurs que la néceffité d'un équilibre permanent , à la hauteur quelconque
que les Navigateurs voudront conferver , exige également cette condition.

Après cette defcription du mécanifme adopté par MM. Robert , on
voit que la grandeur déterminée de leur ballon intérieur , met néceffairement des bornes à l'efpace vertical que ce moyen peut faire décrire à
volonté à la machine. Cette hauteur eft comprife depuis la furface de
la terre jufqu'au point où la dilatation acquife par l'air inflammable aura
réduit à rien le ballon intérieur , en forçant tout l'air qu'il contenoit à
s'échapper. Il eft donc aifé de la déterminer d'avance , en diminuant la
hauteur du baromètre à la furface de la terre , dans le rapport des capacités du ballon intérieur & du ballon principal ; c'eft-à-dire , dans le rapport de 3591 à 28,274. On aura , par ce moyen , fur la hauteur com-
mune du baromètre , que nous prendrons de 28 pouces , une diminution
d'environ 3 pouces & demi. Cet abaiffement convient à une hauteur d'à
peu près 566 toifes.

Tant que le ballon fera en équilibre à une élévation moindre , il
pourra donc toujours revenir jufqu'à terre , à l'aide du ballon intérieur ;
mais fi , par trop de légèreté , il étoit porté plus haut , & qu'on fît enfuite
agir le foufflet pour déterminer fa defcente , le ballon intérieur fe trouveroit tout-à-fait rempli avant que cette defcente fut entière , & il ne de-
viendroit poffible de s'abaiffer davantage , qu'en évacuant de l'air inflammable , fuivant l'ancienne pratique. On voit par-là qu'il feroit nuifible
de charger trop peu la machine ; mais il eft aifé de déterminer d'avance
quel poids total elle doit avoir au moins.

Si l'on confidère en effet que , du moment où l'on commence à faire
entrer de l'air commun dans le ballon intérieur , jufqu'à celui où il fera
entièrement rempli , on aura ajouté au poids de la machine celui d'un volume d'air que nous avons évalué à 312 livres , & qu'alors elle doit être
revenue à terre , c'eft-à-dire , un peu plus pefante que l'air déplacé par tout
le ballon ; ce poids étant de 2457 livres , il s'enfuit , qu'en en déduifant

B 2

312 livres, le reste, 2 145 livres, indiquera ce que doit au moins peser la machine, indépendamment de l'air atmosphérique qu'on pourra y faire entrer par la suite. Mais comme ce poids comprend celui de l'air inflammable qu'elle contiendra alors, il faut encore le déduire, pour avoir un résultat qui ne regarde que les objets susceptibles d'être pesés à la balance.

Or, le ballon intérieur étant supposé alors plein d'air atmosphérique, l'air inflammable n'occuperoit que le reste de la capacité du grand ballon, c'est-à-dire, 24,683 pieds cubes. Evaluant donc la pesanteur spécifique de ce gaz au sixième de celle de l'air commun, on aura un poids de 357 livres environ à déduire encore de celui qui vient d'être trouvé; ce qui donne 1788 livres pour le terme au-dessus duquel il convient de porter le total des objets qui composent la machine, ou qui doivent être enlevés par elle.

On voit, par le calcul que nous venons de faire pour déterminer cette limite, que le seul cas où elle pourrait se trouver un peu foible, seroit celui où l'on emploieroit de l'air inflammable beaucoup plus léger que nous ne l'avons supposé; mais il est difficile de l'attendre d'une opération faite aussi en grand. L'air atmosphérique contenu originairement dans les vaisseaux, altère toujours, par son mélange, la légèreté du gaz qui s'en dégage; &, à en juger d'après les expériences antérieures, notre estimation seroit même un peu trop favorable. C'est au reste une cause d'erreur peu importante, & toujours facile à corriger d'avance, à l'aide de quelques essais préliminaires sur la nature du gaz que l'appareil adopté peut produire.

Plus on chargera la machine au delà du point de 1788 livres, plus on sera donc sûr qu'elle pourra revenir jusqu'à terre, à l'aide du soufflet, & que le ballon intérieur ne se trouvera pas même entièrement rempli, lorsque la descente sera achevée; mais il faudra en même temps employer d'autant plus d'air inflammable; &, au lieu des 24,683 pieds cubes, qui font juste la différence de capacité des deux ballons, il deviendra nécessaire d'en introduire en sus ce qu'il s'en faudroit que le ballon intérieur ne fût tout-à-fait plein, au moment de la descente qu'on vient de supposer. Cette considération va nous fournir l'autre limite à laquelle la somme des poids de toute la machine doit satisfaire, car, en supposant qu'on emplisse entièrement le grand ballon d'air inflammable, le poids total de ce gaz, qui seroit alors de 409 livres environ, soustrait de celui de l'air déplacé par le ballon, donne 2048 livres pour le plus grand poids que puisse porter la machine. C'est donc entre 2048 livres & 1788 livres que ce poids doit être pris, & il peut, comme on voit, varier dans une latitude de 260 livres.

Il n'y a donc jusqu'ici aucune précision embarassante à observer dans les préparatifs de l'expérience dont il s'agit. Commençant par introduire de l'air atmofphérique dans le ballon intérieur jufqu'au tiers ou au quart de fon volume total, fuivant qu'on voudra fe borner d'abord au tiers ou au quart de la hauteur de 566 toifes, qui répond à la capacité entière, & rempliffant enfuite d'air inflammable tout ce qui reftera d'ef- pace dans le ballon principal, on déterminera, par le fait même, le poids que toute la machine ainfi difpofée doit avoir pour s'élever ; ce qui le fera néceffairement quadrer avec les limites que nous avons établies, & avec l'objet qui en a occafionné la recherche.

Mais il eft maintenant effentiel d'affigner la preffion intérieure qu'il convient de donner à l'air renfermé dans le ballon, & les moyens de l'ob- tenir. Or, la quantité de cette preffion dépend uniquement de l'excès de légèreté avec lequel on laiffera partir la machine, & fur lequel nous n'a- vons encore rien déterminé. Si l'on confidère en effet la machine s'élevant avec un certain excès de légèreté, & qu'on fuppofe, fi l'on veut, qu'au moment de fon départ elle ne foit pas complètement remplie, on verra d'abord la machine fe développer entièrement pendant les premiers mo- miens de fon afcenfion, par la diminution graduelle du reffort de l'air en- vironnant ; mais fon volume augmentant dans la même proportion que l'air extérieur diminue de pefanteur fpécifique, tant qu'elle croîtra ainfi, elle déplacera toujours le même poids abfolu d'air atmofphérique, & confervera par conféquent le même excès de légèreté. Ce n'eft qu'au mo- ment où, ayant acquis une entière plénitude, elle ne pourra plus aug- menter de volume, que, trouvant toujours de l'air de plus en plus léger, elle perdra fucceffivement fon excès de légèreté, qui fera enfin tout-à-fait anéanti au moment où l'équilibre aura lieu. Si donc la machine eft exac- tement fermée, l'air qu'elle contiendra, confervant la même élafticité qu'avoit l'air extérieur au moment où elle s'eft trouvée remplie, au point de l'équilibre, plus comprimé que l'air environnant, & la diffé- rence des hauteurs du baromètre aux deux points dont il s'agit, eft la mefure précife de cet excès de preffion: mais cet abaiffement du baro- mètre étant en même temps la mefure de la diminution du poids de l'air déplacé, qui eft elle-même égale à l'excès de légèreté que l'afcenfion a détruit, on voit qu'il y a une dépendance réciproque & une proportion conftante entre l'excès de légèreté & la preffion intérieure qui s'établit dans la machine, foit qu'elle ait été entièrement remplie ou non au mo- ment de fon départ. La colonne de mercure qui mefure cette preffion, eft donc à la hauteur totale du baromètre, comme l'excès de légèreté eft au poids de tout l'air déplacé par le ballon. On trouve, d'après cette pro- portion, que, pour acquérir une preffion intérieure, mefurée par 1 pouce de mercure, il fuffiroit que la machine eût en partant un excès de lé- gèreté de 88 livres, c'eft-à-dire, la 28e partie du poids de l'air dont le ballon tient la place.

Mais une force médiocre pouvant occafionner de très-grands degrés de tenfion, lorfqu'elle agit contre une enveloppe dont l'étendue eft confidérable, il feroit à craindre que la machine ne fouffrît beaucoup, fi on l'abandonnoit fans examen à un excès de légèreté capable d'y faire naître une preffion intérieure, même fort légère en apparence.

Nous allons donc encore traiter cette queftion, & déterminer quelle eft la tenfion qu'une preffion donnée peut faire naître dans une furface dont la forme eft connue.

Confidérons le ballon partagé par un plan quelconque en deux parties ou hémifphères concaves ; l'effet de la preffion, qui agit dans fon intérieur, eft de tendre à féparer l'une de l'autre les deux parties dont il s'agit, & cette force eft contrebalancée par la fomme des tenfions de l'étoffe aux différens points qui font la jonction entre les deux hémifphères que nous avons confidérés. Puis donc que cet équilibre exifte à la fois dans toutes les fections faites par le nombre infini de plans qu'il eft poffible de concevoir, on auroit, en l'exprimant par une équation générale, la loi des tenfions d'une étoffe de figure quelconque dans fes différens points, & fuivant tous les fens poffibles. Mais ce n'eft pas le lieu d'expofer ici cette méthode, qui dépend de la théorie générale des furfaces courbes, & nous allons réfoudre directement la queftion pour le cas particulier que nous avons à traiter, en cherchant fucceffivement la tenfion qu'éprouve chacune des deux parties fphériques du ballon dont nous avons décrit la forme, & celle de la portion cylindrique qui les joint.

Nous remarquerons pour cela, que la tenfion de chacune des deux parties fphériques eft évidemment la même que fi, à égalité de preffion, elles étoient réunies pour ne former qu'une fphère de 30 pieds. Or, on trouve, par la méthode que j'ai publiée à l'occafion du premier ballon du Champ de Mars (1), que la force qui tend à féparer deux hémifphères quelconques d'une fphère, eft égale au poids d'un folide de mercure qui auroit pour bafe le grand cercle de la fphère, & pour hauteur, celle de la colonne du même fluide qui mefure la preffion intérieure. Si donc on fuppofe cette preffion due à une colonne de 1 pouce de mercure, & qu'on calcule le grand cercle d'une fphère de 30 pieds, qui eft de 707 pieds carrés, on verra que la force tendante à féparer les deux hémifphères, eft égale au poids d'environ 59 pieds cubes de mercure ; c'eft-à-dire, à 56,050 livres, le poids de ce fluide étant évalué à 950 livres par pied cube.

Cette force étant évidemment la fomme de toutes les tenfions de l'étoffe aux points qui forment la jonction des deux hémifphères, il ne faut donc que la divifer par le nombre de pieds contenus dans la circonférence du grand cercle de la fphère, pour avoir la tenfion répartie fur 1 pied.

(1) Lettre à M. Faujas de Saint-Fond, pag. 159 de la defcription des expériences aéroftatiques.

Ce contour eft de 94 pieds 3 pouces: c'eft donc une tenfion de 594 livres qu'éprouveroit chaque pied d'étoffe dans toute l'étendue des deux demi-fphères qui font aux extrémités du ballon.

Si l'on conçoit la partie cylindrique du ballon coupée de même par des plans perpendiculaires à l'axe, l'égalité de diamètre entre ce cylindre & les demi-fpheres, montre évidemment que le calcul précédent s'applique encore à la force qui tend à féparer ces différentes tranches. Le même réfultat exprime donc auffi la force avec laquelle l'étoffe du cylindre eft tiraillée dans le fens parallèle à fon axe.

Pour trouver maintenant la force qui tend à ouvrir le cylindre dans le fens de fa longueur, confidérons un plan quelconque qui coupe le ballon en paffant par l'axe. La furface de cette fection, formée de deux demi-cercles & d'un carré long de 20 pieds fur 30, fera de 1307 pieds carrés. La force tendante à féparer les deux moitiés du ballon, fera donc, d'après un calcul femblable au précédent, de 103,550 livres; mais la tenfion réunie des deux demi-fphères, fupporte, comme on a vu, 56,050 l. Il refte donc 47,500 livres à fupporter par le cylindre, c'eft-à-dire, par 40 pieds d'étoffe, & chaque pied fe trouveroit par conféquent tendu avec une force de 1188 livres. Cette force eft double de la précédente; la théorie indique en effet qu'en général un cylindre, foumis à une preffion quelconque, éprouve, fuivant fa circonférence, une tenfion double de celle de la fphère du même diamètre; & nous dirons en paffant, que cette obfervation juftifie bien la manière dont MM. Robert ont employé l'étoffe qui forme la partie cylindrique de leur ballon. Chaque pièce eft difpofée en forme de ceinture autour de ce cylindre, & la chaîne, plus forte que la trame, fe trouve par conféquent dans le fens du plus grand effort, en même temps que les coutures qui uniffent les différentes pièces, n'ont à réfifter qu'à la tenfion longitudinale que nous avons vu être la moindre.

On n'auroit pas foupçonné d'avance qu'une preffion de 1 pouce de mercure pût tendre auffi violemment l'enveloppe fur laquelle elle agit. On voit que c'eft à l'étendue de la machine qu'il faut attribuer ce grand effort; & les élémens de notre calcul montrent en effet, qu'à preffion égale, la tenfion fuit exactement le rapport des diamètres. Il feroit au refte poffible, à la rigueur, que l'étoffe réfiftât, fans fe rompre, aux efforts que nous avons trouvés; des épreuves faites fur le poids néceffaire pour rompre des bandes de taffetas de différentes largeurs, donnent lieu de le penfer; mais il n'eft guère douteux qu'une enveloppe ordinaire, foumife à de telles tenfions, n'éprouvât au moins un relâchement dans fon tiffu, qui laifferoit bientôt tamifer de grandes quantités d'air inflammable.

Il paroîtroit donc imprudent jufqu'ici de laiffer à la machine un excès de légèreté de 88 livres; tout indique au contraire qu'il faudroit le borner à 15 ou 20 livres, pour réduire la preſſion intérieure à 2 ou 3 lignes de mercure au plus.

Je dois, avant d'aller plus loin, prévenir une objection qui ſe préſentera ſans doute à l'eſprit des Lecteurs, & qui demande une ſolution particulière : c'eſt qu'en évaluant les preſſions qui peuvent avoir lieu dan l'intérieur de la machine, j'ai paru oublier celle qui s'exerce dans les cas contre l'hémiſphère ſupérieure, & en vertu de laquelle le poids de la machine eſtᵽporté. Mais ſi l'on conſidère, ce que j'ai démontré ci-deſſus, qu'une preſſion d'un pouce de mercure ſur tous les points de la ſurface intérieure du ballon, exerceroit contre chacune de ſes moitiés un effort de près de 104,000 livres, on verra facilement que le poids de toute la machine étant environ cinquante fois moindre, une preſſion très - légère contre l'hémiſphère ſupérieur, ſera ſuſceptible de le porter, & qu'un quart de ligne eſt plus que ſuffiſant pour cela. Cette cauſe particulière de tenſion dans l'étoffe, eſt donc très-petite en comparaiſon de celle dont il a été queſtion plus haut, & c'eſt par cette raiſon que je l'ai négligée dans les conſidérations précédentes. Il faut d'ailleurs obſerver encore que la plupart des poids portés par la machine étant immédiatement ſuſpendus à un filet qui doit en couvrir la partie ſupérieure, c'eſt ce dernier qui ſupportera, pour la plus grande partie, la tenſion qui peut réſulter du petit degré de preſſion qui vient d'être déterminé, & que par conſéquent la fatigue éprouvée par l'étoffe n'en ſeroit pas ſenſiblement augmentée. On fera un raiſonnement ſemblable ſur une autre cauſe de preſſion intérieure qu'on peut ajouter aux précédentes, dans le cas où la machine ſeroit ſuſceptible d'être dirigée horizontalement ; je veux parler de la réſiſtance de l'air contre ſa partie antérieure : mais on va voir que l'effet que cette cauſe peut produire ſur le reſſort de l'air intérieur, mérite encore moins d'être conſidéré. Quand même en effet la machine feroit, par rapport à l'air, une route de dix-huit pieds par ſeconde (ce qui fait plus de cinq lieues à l'heure & ſurpaſſe de beaucoup ce qu'il eſt poſſible d'eſpérer dans le cas actuel) ſa partie antérieure n'éprouveroit encore qu'une réſiſtance de 315 livres environ. Or on a vu qu'un hémiſphère de trente pieds, ſoumis à une preſſion d'un pouce de mercure, en recevoit un effort de 56,050 livres : une force de 315 livres ne répond donc qu'à environ $\frac{1}{15}$ de ligne de mercure, & la preſſion intérieure ne recevroit par conſéquent aucune augmentation ſenſible dans les momens où la machine ſe dirigeroit.

Il eſt donc bien prouvé, par tout ce qui précède, que la machine dont nous nous occupons ne devant point être ſoumiſe à une preſſion intérieure de plus de 2 à 3 lignes de mercure ; il eſt eſſentiel qu'elle n'ait pas, au moment de ſon départ, un excès de légèreté de plus de 15 à 20 livres. Si elle eſt alors entièrement remplie par les deux airs différens qu'on y ſuppoſe introduits d'avance, elle montera juſqu'à ce que le baromètre ait baiſſé de 2 à 3 lignes, c'eſt-à-dire,

qu'elle

qu'elle ira chercher fon premier équilibre à 30 toifes environ de hauteur : mais s'il y reftoit encore quelque vide à l'inftant du départ , l'élévation de ce premier équilibre feroit plus grande , en raifon de la hauteur que devroit parcourir l'aéroftat avant de le déployer tout-à-fait. La machine fera de ce moment fufceptible de toutes les manœuvres que nous avons décrites ; & fi des caufes accidentelles n'agiffent pas fur elle , la preffion intérieure une fois déterminée , ne ceffera d'être la même à toutes les pofitions qu'elle pourra fucceffivement occuper par le jeu du ballon intérieur.

Mais avec quelle vîteffe montera cette machine , douée originairement d'un excès de légèreté d'environ 20 livres ? Cette queftion eft importante, & le fort de l'expérience peut en dépendre; car fi la première afcenfion fe faifoit avec une lenteur telle , que la marche de la machine fût incertaine & tortueufe ; fi , dominée par le vent , elle fuivoit une direction trop inclinée , ou fi le moindre reflet, dirigé de haut en bas , fuffifoit pour contrebalancer , pendant quelques inftans, la force médiocre qui détermine l'afcenfion, tous les obftacles environnans , les édifices , les arbres , du milieu defquels elle s'élève , deviendroient pour elle autant d'écueils contre lefquels elle échoueroit avant de fortir du port. Déterminons donc encore la quantité de cette vîteffe, dont le calcul devient bien fimple , fi l'on fait attention qu'elle fera uniforme dès que la réfiftance oppofée par l'air au mouvement afcenfionnel , fera égale à l'excès de légèreté.

Nous ne pouvons mieux faire, pour affigner la vîteffe d'où dépend cette égalité, qu'en confultant quelque expérience bien connue, dont on puiffe comparer les circonftances avec celles que nous avons en vue. Or, on trouve , dans l'Ouvrage que j'ai déjà cité, que le ballon du Champ de Mars , d'environ 12 pieds de diamètre , & doué de 35 livres d'excès de légèreté, avoit acquis en peu de fecondes fon *maximum* de vîteffe , qui étoit d'environ 15 pieds par feconde (1). La forme de celui-ci eft à la vérité un peu différente ; & fi nous avons été fondés à eftimer la réfiftance que l'air oppofoit au premier, comme étant les deux cinquièmes de celle qu'éprouveroit à même vîteffe une furface plane , égale au grand cercle de cette fphère , nous devons évaluer fur un pied un peu plus fort la réfiftance que nous avons maintenant à confidérer , à caufe de la portion cylindrique qui fe trouve entre les deux demi-fphères du ballon dont il s'agit. Nous fuppoferons donc cette réfiftance comme la moitié de celle qu'une même vîteffe feroit éprouver à une furface plane , qui feroit égale à la coupe horizontale de la machine.

Le ballon du Champ de Mars , ayant fon grand cercle de 116 pieds carrés , éprouvoit donc la même réfiftance qu'une furface plane de

(1) Voyez la Lettre à M. Faujas de Saint-Fond , pag. 150.

C

46 pieds carrés; & celui de Saint-Cloud aura la fienne mefurée par une furface de 754 pieds carrés, qui eft la moitié de fa coupe horizontale. Puis donc que les réfiftances, qui doivent devenir égales à 35 livres & à 20 livres, font entre elles en raifon compofée des furfaces & du carré des vîteffes, on trouve, par une fimple proportion, que le ballon de Saint-Cloud, partant avec un excès de légèreté de 20 livres, doit acquérir, dans les premiers momens, une vîteffe de 3 pieds par feconde.

L'afpect des lieux, & l'efpèce de vent qu'on voudra choifir pour entreprendre l'expérience, peuvent feuls décider fi cette vîteffe eft fuffifante, & fi le ballon l'acquerra dans un intervalle affez court; mais fi elle n'étoit pas jugée telle, il s'enfuivroit que l'expérience dont il s'agit préfenteroit de grandes difficultés; car on ne pourroit augmenter la vîteffe afcenfionnelle, qu'en rendant, toutes chofes égales d'ailleurs, la machine plus légère; & l'on a vu qu'on augmenteroit en même temps la preffion intérieure & la tenfion de l'étoffe, qui font déjà affez confidérables.

L'on fent déjà la néceffité dont il feroit en général, dans la conftruction des machines aéroftatiques, de les mettre en état de réfifter à de beaucoup plus grandes tenfions. Mais une circonftance que nous n'avons pas encore traitée, fuffiroit feule pour établir cette néceffité, bien plus que les confidérations que nous avons faites jufqu'ici. La maffe d'air renfermée dans la machine, & garantie de tout contact avec l'atmofphère, peut en effet acquérir une autre température; & fi les rayons du foleil frappent, pendant un certain temps, la furface du ballon, leur action fur un volume d'air non renouvelé, devient bien différente de ce qu'elle eft fur l'air libre. Cette propriété, que des expériences affez récentes avoient déjà montrée dans des maffes d'air circonfcrites par des parois tranfparentes, a également lieu ici; & fi la chaleur acquife dans ce cas ne va pas auffi loin que dans les appareils de MM. de Sauffure & du Carla, du moins s'élève-t-elle d'une quantité très-notable au-deffus de la température extérieure. M. de Morveau vient de nous apprendre que la différence à cet égard pourroit aller jufqu'à 14 ou 15 degrés, & des expériences faites avec un thermomètre introduit dans l'intérieur du ballon de Saint-Cloud, dans des circonftances favorables, confirment ce réfultat. Si donc l'élafticité de l'air renfermé s'accroît de $\frac{1}{215}$ par chaque degré de chaleur qu'il reçoit, comme l'indiquent les obfervations de M. de Luc, 15 degrés l'augmenteroient de près d'une quatrième partie, ce qui équivaut au poids d'une colonne de 2 pouces de mercure, la force élaftique de l'air extérieur étant cenfée mefurée par 28 pouces du même fluide. Il fuit de là, que la feule température peut occafionner des preffions intérieures bien plus confidérables que celles dont nous avions précédemment calculé les effets, & il eft bien évident qu'un ballon ordinaire n'y réfifteroit pas.

Il feroit donc indifpenfable d'augmenter de beaucoup la force des enveloppes, puifqu'indépendamment de toute autre caufe, la chaleur qui peut naître d'un moment à l'autre dans leur intérieur, fuffit pour les dif-

tendre avec une violence confidérable: Or, il y a pour cela un moyen
bien fimple , & qui permet néanmoins l'ufage des étoffes les plus frêles,
& par conféquent les plus légères; c'eft d'agrandir le filet qui couvre déjà
la moitié de la machine , de manière qu'il la renferme tout entière, &
de donner à cette enveloppe extérieure des dimenfions en tout fens un peu
moindres que celles du ballon lui-même: il fera dès-lors impoffible que
celui-ci éprouve jamais aucune tenfion, quelle que foit la force élaftique
de l'air intérieur ; & l'effort qu'il peut faire pour s'échapper , étant réduit
à la fimple preffion, devient nul en quelque forte, par rapport aux ti-
raillemens en tout fens que le tiffu effuieroit fans cela, & qui ne pourroient
qu'y ouvrir tôt ou tard un grand nombre d'iffues imperceptibles. On
peut donc dire que l'idée dont il s'agit , fupprimeroit un des plus grands
inconvéniens que la conftruction actuelle préfente, depuis que l'objet de
monter & de defcendre à volonté, exige la preffion intérieure dont j'ai
établi la néceffité. Il faudroit feulement donner au filet une force fuffifante pour en éviter la rupture ; & c'eft à quoi il eft aifé de pourvoir.

Mais MM. Robert n'ayant point, à ce qu'il paroît , envifagé leur machine fous ce point de vue , il faut néceffairement indiquer un autre moyen
d'obvier à l'effort que la chaleur peut faire naître , & de donner, fans
rifque , un plus grand excès de légèreté au ballon. Or, il ne refte évidemment qu'une feule manière de remplir cet objet, & il devient néceffaire de donner à l'air inflammable une évacuation fuffifante , dès que fon
élaíticité paffera les bornes qui ont été déterminées plus haut. Mais puifqu'il faut cependant qu'il conferve encore une certaine tenfion , il paroîtroit peu fûr de laiffer aux Navigateurs le foin d'en gouverner l'iffue à
volonté. Ils pourroient, dans certains cas, ne pas l'ouvrir à propos, ou
détruire, dans d'autres, l'excès de preffion intérieure que l'air inflammable
doit éprouver habituellement, en en laiffant échapper une trop grande
quantité; & l'on doit regarder comme tout-à-fait impraticable d'obfer-
ver dans cette efpèce de manœuvre aucune efpèce de précifion. Ce ne font
donc point les moyens d'évacuer l'air inflammable , tels qu'on les a employés jufqu'ici, qui conviennent au but actuel; mais il faut une foupape qui puiffe s'ouvrir d'elle-même , quand l'élafticité de l'air intérieur
en preffera la furface avec une force fuffifante , & l'on doit oppofer à fon
ouverture une réfiftance calculée d'après la preffion intérieure qu'on aura
deffein d'entretenir habituellement dans la machine. Si l'on veut , par
exemple , que cette preffion foit conftamment équivalente au poids d'une
colonne de deux lignes de mercure , le poids d'une maffe de ce fluide
ayant la furface de la foupape pour bafe , & 2 lignes de hauteur, fera la
mefure de la force que doit avoir le reffort qui l'empêche de
s'ouvrir.

Il eft inutile de dire que cette foupape doit être travaillée avec beaucoup
d'exactitude , pour ne laiffer échapper l'air inflammable que dans les mo-

mens où elle feroit réellement foulevée. Il feroit également à propos de
la placer dans la partie inférieure du ballon, pour la mettre en état d'être
vifitée fréquemment.

Avec ce moyen fimple, il feroit impoffible de craindre aucune efpèce
d'accident de la dilatation de l'air inflammable, & il n'y a plus de bornes
à l'excès de légèreté qu'il eft permis de donner à la machine : mais il
faut encore que la foupape ait une ouverture fuffifante pour évacuer l'air
inflammable aufli vîte qu'il fe dilate, fur-tout fi cet effet eft occafionné par
la première afcenfion de la machine, à laquelle je fuppofe un excès de
légèreté confidérable. Qu'elle parte, par exemple, avec 80 livres d'excès de légèreté, cette quantité, quadruple de ce que nous avons derniè-
rement fuppofé procurera à l'aéroftat une viteffe afcenfionnelle double,
c'eft-à dire, qu'il parcourra 6 pieds en une feconde. Il faut donc que la
foupape ait un orifice fuffifant, pour que, pendant cet intervalle, la preffion intérieure de 2 lig. de mercure faffe fortir un volume d'air inflammable
égal à l'augmentation que tout le fluide qui remplit la machine tend à prendre en vertu de la diminution de l'effort de l'air environnant qui répond
à cette afcenfion. Cette condition eft effentielle pour que la tenfion fouf-
ferte par l'étoffe, demeure conftante pendant le mouvement afcenfionnel ;
& l'on trouve, en appliquant à ce problême les formules d'hydraulique
qui fervent à calculer les écoulemens, que, dans le cas dont il s'agit, le
paffage réel fourni par la foupape, doit être équivalent à un orifice circu-
laire de 2 pouces 4 lignes de diamètre. Puis donc que cette foupape ne
fauroit s'ouvrir entièrement, on ne peut guère lui donner un diamètre de
moins de 3 pouces. On feroit un calcul analogue, fi l'on avoit befoin de
trouver cette ouverture dans l'hypothèfe d'une vîteffe afcenfionnelle &
d'une preffion intérieure, différentes de ce que nous avons fuppofé pour
celui-ci : mais on peut l'abréger beaucoup, & faire, dans tous les cas,
fervir le réfultat que nous venons de donner, fi l'on fe contente de favoir
que les diamètres des orifices déduits de cette théorie, fuivent conftamment une loi telle que leur quatrième puiffance eft en raifon compofée de
la directe des excès de légèreté, & de l'inverfe des preffions intérieures.
Cette confidération réduit la recherche de l'orifice que doit avoir la
foupape, à une fimple règle de trois.

Mais fuppofons qu'on s'en tienne aux données que nous avons prifes,
& qui paroiffent affez convenables, nous pouvons maintenant effectuer
le calcul que nous n'avions fait qu'indiquer, fur la force du reffort qu'on
doit oppofer à l'ouverture de la foupape, dont nous venons de déterminer
la grandeur. C'eft en effet le poids d'un cylindre de mercure de 3 pouces
de diamètre fur 2 lignes d'épaiffeur, c'eft-à-dire, une force d'environ
10 onces $\frac{1}{3}$.

La foupape, dont nous venons de déterminer les dimenfions & la
force, eft donc un moyen fûr pour empêcher la preffion intérieure & la

tenſion de l'enveloppe de paſſer jamais les bornes qu'on leur aura preſcrites.
Mais ſuppoſant, comme on l'a vu , des évacuations néceſſaires d'air inflammable, il s'enſuit que cette précaution, imaginée pour obvier au défaut de force ſuffiſante dans l'étoffe , ne laiſſe pas au moyen nouveau, dont
l'exécution nous occupe ici, tous les avantages qui lui ſont propres. On
a vu en effet que cette méthode d'organiſer les machines aéroſtatiques, a
pour but principal de les rendre ſuſceptibles de toutes ſortes de mouvemens, & de paſſer par tous les états poſſibles à des hauteurs très-différen-
tes, ſans qu'il y ſurvienne aucun changement; de telle ſorte, qu'après une
navigation quelconque, la même machine ſoit auſſi en étar d'entreprendre
un nouveau voyage, qu'au moment de ſon premier départ. Il arrivera
au contraire, dans l'expérience dont nous nous occupons, que dès que
le ballon, partant avec un excès de légèreté de plus de 15 à 20 livres,
aura évacué, en allant chercher le lieu de ſon premier équilibre, une
quantité d'air inflammable ſurabondante à la preſſion intérieure de 2 lignes
de mercure à laquelle nous voulons le borner, ou dès qu'une augmentation de chaleur ayant fait encore ſortir une nouvelle quantité de gaz, celui
qui reſtera ſera revenu à la température primitive, la machine aura fait
des pertes irréparables ; & ſi l'étoffe n'eſt pas abſolument imperméable à
l'air inflammable, une cauſe continuelle ajoutera encore à ces déperditions
accidentelles. La machine aéroſtatique dont il s'agit n'eſt donc point entièrement propre à montrer tous les avantages du mécaniſme qu'on y
met en uſage; mais l'emploi du ballon intérieur retardera du moins de
beaucoup le terme de cette navigation, puiſque, par ſon moyen, on ré-
duira les pertes aux ſeuls cas où elles ſeront inévitables, & que les différentes manœuvres qui s'exécuteront entre les limites que l'étendue du
ballon intérieur met à ſon uſage, n'en provoqueront point de nouvelles :
il faut ſeulement introduire originairement dans la machine beaucoup plus
d'air inflammable que ne le demanderoit l'exécution ſtricte du moyen dont
il s'agit, & le remplir même entièrement, en laiſſant d'abord le ballon
à air atmoſphérique entièrement déprimé. La machine aéroſtatique ſera
ſuſceptible par-là de porter au commencement un poids d'autant plus
conſidérable, & le plus approchant poſſible de notre limite la plus forte,
qu'on a vu être de 2048 livres; ce dont il s'en faudra que le poids total
n'égale cette limite, conſtituera l'excès de légèreté; & ſi, comme nous
l'avons déjà ſuppoſé, cet excès ſe trouve d'environ 80 livres, la machine
montant avec une viteſſe d'environ 6 pieds par ſeconde, ira ſe mettre en
équilibre à une hauteur telle, que le baromètre ſe trouve environ 1 pouce
plus bas qu'à la ſurface de la terre ; ce qui donne une élévation d'à peu
près 166 toiſes. L'enveloppe aura alors le degré de tenſion dû à la force de
la ſoupape, & aura évacué en montant tout l'air inflammable ſurabondant
à cette tenſion.

Après avoir examiné ſucceſſivement tout ce qui tient à la conſtruction

primitive de la machine, ainfi qu'aux opérations qui précèdent fon afcenfion, il nous refte à la confidérer du moment qu'elle eft en l'air, pour nous
faire une idée nette de la fuite de fes manœuvres, & des effets qui doivent en réfulter. Si cette machine étoit imperméable au fluide léger qu'elle
contient, & foumife à une température uniforme, nous avons vu qu'il
auroit fuffi d'y introduire environ 24,683 pieds cubes d'air inflammable,
& de la charger de manière, qu'avec l'excès de légèreté & la vîteffe convenables, elle fût fe mette en équilibre à une hauteur de 566 toifes, qui
eft la plus grande d'où elle puiffe revenir à terre, à l'aide du ballon intérieur. Confervant dès-lors un état conftant, elle auroit permis aux Navigateurs de parcourir l'atmofphère pendant un temps illimité, foit en fe
tenant à la hauteur qui vient d'être défignée, foit en defcendant à volonté
à quelque pofition plus baffe, à l'aide du foufflet dont ils font munis,
pour s'y maintenir auffi long-temps qu'ils n'auroient pas intention d'en
changer : mais bien des caufes empêchent abfolument cette immuabilité,
qui feroit le terme de la perfection des machines aéroftatiques; & celle-
ci doit être regardée comme dans un état continuellement variable, par
les diminutions répétées qu'éprouvera l'air inflammable. Confidérons-la
donc, pour un moment, dans une pofition quelconque, renfermant une
certaine quantité d'air commun, que je fuppofe dans le ballon deftiné à
le contenir, & tendue par la preffion intérieure que la foupape détermine. La machine eft alors fufceptible de s'élever en évacuant une portion de l'air atmofphérique, ou de s'abaiffer, fi l'on y en introduit de nouveau ; & l'étendue de ces mouvemens, déterminée par la grandeur du
ballon intérieur, finit aux deux points auxquels ce ballon feroit entièrement
vide ou entièrement plein. Il y a donc pour chaque état de la machine,
deux points très-remarquables dans l'efpace, puifque ce font les limites
hors defquelles l'équilibre fpontané ne fauroit avoir lieu. Nous les nom-
merons, par cette raifon, *limite fupérieure & limite inférieure d'équilibre.*
Nous avons déjà vu que quand la plus baffe fe trouve à la furface de
la terre, l'autre eft à une hauteur de 566 toifes ; & il eft aifé de démontrer que, quelque lieu qu'elles puiffent occuper l'une & l'autre, leur diftance entre elles eft conftamment la même.

Il fuffit donc, dans tous les cas, d'envifager la pofition de l'une de ces
deux limites, celle par exemple de la limite fupérieure, l'autre fe trouvant conftamment à la même diftance au-deffous. Or, cette limite fupérieure étant évidemment le lieu où le ballon fe tiendroit en équilibre,
après avoir évacué tout l'air atmofphérique, & devenu entièrement rempli
d'air inflammable, il feroit facile de la déterminer pour chaque état de
la machine, en confidérant à quelle hauteur dans l'atmofphère un volume
d'air, égal à celui du ballon, auroit le même poids actuel que la machine
entière, y compris l'air inflammable qu'elle contient. Le lieu des limites
d'équilibre dépend donc à chaque inftant du poids de l'aéroftat, & de la

quantité d'air inflammable qu'il renferme ; & comme l'un & l'autre vont toujours en diminuant , les limites dont il s'agit s'éleveront continuellement pendant la durée de la navigation.

S'il se fait en effet une petite déperdition d'air inflammable, ou si la machine éprouve un refroidissement quelconque , il en résulte nécessairement une diminution successive dans la pression intérieure , dont les Navigateurs s'appercevront facilement , & qui , amenant bientôt une diminution réelle dans le volume du ballon , seroit le présage d'une descente prochaine , si on ne rétablissoit la tension de l'enveloppe, en jetant quelques poids inutiles ; sur quoi il est à remarquer, que 15 livres de moins suffisent pour faire naître dans la machine une pression intérieure de deux lignes de mercure, & que la soupape n'étant pas supposée construite pour en soutenir d'avantage , si l'on jetoit un poids plus considérable , on occasionneroit une nouvelle évacuation d'air inflammable. On voit par-là comment la déperdition de ce gaz , & la diminution du poids de la machine sont deux effets qui se servent mutuellement de cause ; & qu'ainsi la pesanteur totale de l'aérostat diminuant par une double raison , le point de la limite supérieure d'équilibre doit , comme nous l'avons dit , s'élever de plus en plus.

On peut même rendre très sensible la loi de cette élévation successive , en considérant que l'air inflammable conservant à peu près le même rapport de pesanteur spécifique avec l'air environnant , à quelque hauteur qu'on suppose la machine , parce que ces deux airs se dilatent l'un & l'autre suivant la même proportion , le poids du gaz renfermé dans le ballon sera toujours la sixième partie de celui de l'air déplacé , l'équilibre étant censé avoir lieu à la limite supérieure, où le ballon intérieur doit être entièrement déprimé. Le reste des matériaux de la machine ou des poids portés par elle , formera donc alors les cinq sixièmes du poids de l'air déplacé, ou , ce qui est la même chose , ce poids surpassera d'un cinquième la totalité de ceux qui chargent l'aérostat. Le lieu de la limite supérieure d'équilibre se trouve donc toujours déterminé par le poids actuel de la machine , puisque la pesanteur spécifique de l'air de cette région diminue suivant le même rapport , & que les hauteurs du baromètre suivent par conséquent la même loi.

Il est aisé , d'après cela , de calculer d'avance les différentes hauteurs que peuvent successivement occuper les limites d'équilibre , suivant les différens poids auxquels la machine sera réduite par degrés. Le tableau suivant présente un certain nombre de ces résultats pour une suite de poids dont les termes diminuent par des différences de 40 livres. Il sera toujours facile d'intercaler les résultats nécessaires pour des poids intermédiaires.

TABLEAU des hauteurs où doivent se trouver les limites d'équilibre, suivant les différens poids dont l'aéroftat fera chargé ;

Calculé dans les fuppofitions que le baromètre marque 28 pouces à la furface de la terre, que l'air inflammable foit fix fois plus léger que l'air commun, & que la temperature foit conftamment à dix degrés du thermomètre.

Valeurs fucceffives du poids de la machine, non compris celui des airs qu'elle renferme.	Valeurs correfpondantes du poids de l'air que le ballon déplaceroit à la limite fupérieure d'équilibre.	Hauteurs du baromètre aux différentes pofitions de la limite fupérieure d'équilibre.			Hauteurs de la limite fupérieure d'équilibre au-deffus du niveau terreftre.		Hauteurs correfpondantes de la limite inférieure d'équilibre au-deffus du même niveau.	
		pouc.	*lig.*	*dixio.*	*toif.*	*pieds.*		
2048 liv.	2417 liv.	28	0	,0	0	0		
2008	2409	27	5	,4	82	2		
1968	2361	26	10	,9	166	1		
1928	2313	26	4	,4	251	5		
1888	2265	25	9	,8	339	2		
1848	2217	25	3	,2	428	4		
1808	2169	24	8	,6	520	0		
							toif.	*pieds.*
1788	2145	24	5	,3	566	3	0	0
1768	2121	24	2	,1	613	3	47	0
1728	2073	23	7	,5	709	0	142	3
1688	2025	23	0	,9	806	4	240	1
1648	1977	22	6	,3	906	4	340	1
1608	1929	21	11	,8	1009	2	442	5
1568	1881	21	5	,2	1114	2	547	5
1528	1833	20	10	,6	1222	1	655	4
1488	1785	20	4	,1	1333	0	766	3
1448	1737	19	9	,5	1446	4	880	1
1408	1689	19	2	,9	1563	3	997	0
1368	1641	18	8	,4	1693	3	1127	0
1328	1593	18	1	,8	1807	4	1241	1
1288	1545	17	7	,2	1935	2	1368	5
1248	1497	17	0	,7	2067	0	1500	3
1208	1449	16	6	,1	2203	0	1636	3
1168	1401	15	11	,5	2343	3	1777	0
1118	1353	15	5	,0	2489	0	1912	3
1088	1305	14	10	,4	2639	4	2073	1
1048	1257	14	3	,8	2796	0	2229	3
1008	1209	13	9	,3	2958	2	2391	5
968	1161	13	2	,7	3127	3	2561	0
918	1113	12	8	,2	3303	3	2737	0
888	1065	12	1	,6	3487	3	2921	0
848	1017	11	7	,0	3679	5	3113	2

Je

Je me fuis déterminé d'autant plus volontiers à inférer ici ce tableau, qu'il préfente une idée nette de toute la fuite de la navigation dont nous nous occupons, & qu'il peut même être très-utile aux Navigateurs pendant le cours de leur voyage. Il eft en effet très-aifé de déterminer d'avance, avec exactitude, le poids des différens objets qui compofent la machine; & fi l'on a pris en outre la précaution de difpofer le left par parties d'un poids connu, l'on fera à tout inftant en état de favoir au jufte le poids total de l'aéroftat, & par conféquent à quel terme du tableau répond fon état actuel, ou quels font ceux entre lefquels il tombe: on peut même facilement imaginer différentes méthodes de diftribuer le left & d'en marquer les portions, de manière qu'en les jetant dans un ordre défigné, on fache toujours le poids de tout ce qui refte; un plus long détail à cet égard feroit fuperflu. On faura donc dès-lors quelles font à chaque inftant les limites d'équilibre entre lefquelles la machine peut fe placer à volonté, & le baromètre indiquant en même temps la hauteur réelle qu'on occupe, par la feule infpection des termes correfpondans de la troifième & quatrième colonne, qui peuvent fervir à cet ufage, on verra facilement à quelle diftance on eft de chacune de ces deux limites, & qu'elle eft, pour le moment, la quantité d'air atmofphérique exiftante dans le ballon intérieur, dont l'état feroit fort difficile à connoître fans ce fecours. Ce tableau montrera donc à chaque inftant, non feulement la pofition actuelle de l'aéroftat, mais encore les bornes de celles qu'il peut occuper, fans changer de poids: il indique par conféquent auffi la pefanteur que devroit avoir la machine pour s'élever à des régions qui feroient pour le moment hors des limites d'équilibre, & fert, en pareil cas, à déterminer au jufte combien de left il faut jeter pour gagner promptement une telle pofition que les circonftances pourroient rendre la plus convenable aux vues des Voyageurs. On peut donc regarder cet affemblage de réfultats numériques, comme une vraie *table nautique*, néceffaire dans la navigation aérienne; & c'eft fous ce point de vue que je la préfente ici, en obfervant toutefois que chaque machine exigera la conftruction d'une table différente; celle que je donne dans ce Mémoire, dépendant, comme on l'a vu, des dimenfions des deux ballons qui appartiennent au cas que nous traitons.

J'ai divifé ce tableau en trois parties principales; la première comprend tous les cas où la limite fupérieure d'équilibre étant moins élevée que 566 toifes, & la limite inférieure ne fe trouvant pas par conféquent plus haute que la furface de la terre, il fera toujours poffible à la machine de defcendre tout-à-fait, pour remonter enfuite par la feule manœuvre du ballon intérieur. C'eft alors que l'aéroftat jouira de toutes fes facultés; & cette première époque du voyage durera d'autant plus, qu'on fe fera d'abord élevé moins haut, & que l'étoffe fera moins perméable à l'air inflammable. J'ai infcrit à part le cas particulier où le poids de la machine feroit

tel, que la limite inférieure d'équilibre fût jufte à la furface de la terre : il indique le moment où la conftruction, mife en ufage pour monter & defcendre à volonté, eft fur le point de perdre une partie de fes avantages,
puifque, dans toute la fuite du voyage, elle n'eft plus fuffifante pour rame-
ner la machine jufqu'à terre, & que tout l'efpace qui fe trouve au-deffous
dé la limite inférieure d'équilibre, ne lui eft plus acceffible, qu'en évacuant
de l'air inflammable par une iffue placée dans la partie fupérieure, comme
on le pratiquoit d'abord ; moyen qui, comme on a vu, ne peut procurer qu'une defcente complette, fans qu'il foit poffible, en en faifant ufage,
de s'arrêter à aucune pofition intermédiaire.

La feconde partie du tableau fe rapporte à la feconde époque du voyage,
pendant laquelle la limite inférieure d'équilibre fe trouve plus haute que
le niveau terreftre, & va en s'élevant de plus en plus par la diminution
toujours continuée du poids de l'aéroftat. J'ai fuppofé que cette machine
fût montée par trois perfonnes, & j'ai en conféquence terminé la partie du
tableau dont il s'agit, au cas où le poids total feroit de 1088 livres, parce
que c'eft en effet à peu près le moindre qu'on puiffe fuppofer au fyftême
entier de la machine, chargée du poids de trois perfonnes, & que ne por-
tant plus par conféquent aucun objet inutile, elle feroit alors néceffitée à
revenir à terre. On voit que, dans cette expérience, trois hommes peuvent
être élevés jufqu'à 2640 toifes de hauteur, & qu'elle donne lieu, plus qu'aucune autre de celles qui ont précédé, à des obfervations phyfiques très-
intéreffantes.

La troifième partie du tableau fuppofe que le poids total puiffe encore
diminuer de 240 livres : c'eft le cas où un homme feulement refteroit
dans la machine, après avoir remplacé le poids de ceux qui le quitteroient
par des objets fufceptibles d'être jetés en détail. La durée du voyage pourroit être prolongée par-là d'environ un quart, & la hauteur acquife par
l'aéroftat, augmentée de plus de 1000 toifes, mettroit le Navigateur à
portée de faire des obfervations d'autant plus inftructives.

Il n'eft pas néceffaire de faire remarquer ici, que la grande différence de
l'air d'une région auffi haute, avec celui que nous refpirons, doit fuggé-
rer quelques précautions à ceux qui entreprendroient de s'y élever. La hauteur correfpondante du baromètre, qu'on trouve fur notre tableau, réduite
à près de 11 pouces & demi, indique qu'à une telle hauteur la denfité
de l'air feroit diminuée de plus des quatre feptièmes ; de forte qu'il feroit
imprudent de s'expofer trop promptement à une auffi grande viciffitude :
mais il paroît en même temps, par l'exemple de ceux qui fe font élevés
fur les plus hautes montagnes, qu'on peut, fans danger, fe foumettre à
des preffions très-inégales, pourvu que ces changemens fe faffent par degrés, & dans un temps affez long. La principale précaution, dans le cas
dont il s'agit ici, feroit donc de monter avec une grande lenteur vers
ces régions fupérieures.

Entre la foule des recherches qu'il seroit infiniment utile de tenter à des hauteurs considérables, une de celle qui intéresse le plus les Physiciens, est la connoissance de la nature chimique de l'air des hautes régions de l'atmosphère, qui, par bien des raisons, paroît devoir être assez différente de celle qui se rencontre ici bas. Or, c'est ce qu'il seroit très-aisé d'éclaircir, en vidant à une telle hauteur un vase rempli d'eau, qu'on fermeroit ensuite avec un robinet très-exact. Un autre moyen, préférable peut-être, seroit d'emporter un globe vide d'air, qu'on n'ouvriroit ensuite qu'à une grande élévation, pour le refermer de nouveau. 15 à 20 pintes de ce fluide se réduiroient à 8 ou 10, quand elles seroient transportées dans nos laboratoires; mais ce seroit une quantité très-suffisante, pour en faire tout l'examen nécessaire & celui qui nous rapporteroit ainsi une portion de cet air, que les météores seuls ont habité jusqu'ici, rendroit aux Sciences un service vraiment utile.

Mais revenons à l'objet principal de l'expérience que nous examinons, qui est de donner à la navigation le plus de durée possible. Or, on voit que la diminution du poids de la machine, rendue nécessaire par la perte quelconque d'air inflammable à laquelle elle sera sujette, est ce qui l'approche par degrés du terme auquel son retour sur la terre devient inévitable. Il faut donc apporter la plus grande économie aux quantités de lest qu'on jettera, & ne faire de cette manœuvre qu'un usage très-modéré, dans les circonstances fréquentes où la tension de l'étoffe, prête à s'anéantir, indiquera qu'on doit y avoir recours. Puis donc, qu'en jetant seulement un poids de 15 livres, on feroit naître dans l'enveloppe une pression intérieure de deux lignes de mercure, ainsi que nous l'avons vu, on peut, avec beaucoup moins, entretenir une petite pression, suffisante seulement à la permanence de l'équilibre, & se borner, dans ces sortes de cas, à ne jeter à la fois que cinq livres. Il seroit donc à propos de partager d'avance le lest en portions de cette pesanteur, sauf à en jeter plus souvent ou un plus grand nombre dans les cas qui l'exigeront. Dans les occasions où il sera question de s'élever, en ouvrant une issue à l'air atmosphérique du ballon intérieur, on pourra le déterminer à sortir plus promptement, en faisant naître toute la pression intérieure due à 15 livres de lest; & quand enfin l'on aura pour objet de se porter à des points plus élevés que ne le permet la capacité du ballon intérieur pour le poids actuel de la machine, on verra, par le tableau, quel est le poids qui convient à cette nouvelle position de la limite supérieure d'équilibre, & par conséquent quelle est au juste la quantité de lest à jeter pour y parvenir, en donnant en même temps issue à l'air atmosphérique renfermé.

Nous devons, avant de terminer ce Mémoire, faire encore quelques calculs relatifs aux dimensions du soufflet, & à la charge qu'il convient de lui donner. Or, on conçoit facilement que l'air que ce soufflet aspire pour le porter dans le ballon intérieur, étant toujours de même densité

.que celui que la machine déplace, le poids que chaque coup de foufflet y ajoute, eft toujours dans un même rapport avec celui de l'air déplacé; c'eft-à-dire, comme la capacité de ce foufflet eft à celle même de tout le ballon. Il fuit de là ,que la defcente occafionnée par chaque coup de foufflet, eft conftamment la même, à quelque hauteur que fe trouve la machine; & fi l'on vouloit que cette defcente partielle fût, par exemple, d'une toife, on trouveroit, par un calcul très-facile, que la capacité du foufflet doit, pour le cas actuel, être d'à peu près 6 pieds cubes 2 tiers; réfultat qui ne s'éloigne pas beaucoup des dimenfions adoptées par MM. Robert; de forte qu'à chaque coup de foufflet, leur machine doit defcendre de 5 à 6 pieds environ: quant au poids dont il eft néceffaire de charger ce foufflet, il dépend abfolument de la preffion intérieure que le ballon doit conferver habituellement, & que le foufflet doit vaincre, pour y faire entrer de nouvel air. Si, par exemple, cette preffion doit être de 2 lignes de mercure, elle fera interieurement contre chacune des feuilles du foufflet un effort égal au poids de mercure qu'il faudroit pour les couvrir fur 2 lignes d'épaiffeur. Si l'on fuppofe donc encore qu'elles aient chacune une fuperficie de 6 pieds carrés, l'effort que la charge doit vaincre, fera d'environ 80 livres. Il fuit de-là que la conftruction de cet inftrument doit être d'une certaine folidité, puifqu'il doit exercer fréquemment des efforts affez confidérables.

Tous les calculs que nous avons faits jufqu'ici, ont toujours fuppofé l'emploi d'une foupape qui s'ouvre du dedans vers le dehors, & qui, à l'aide d'un reffort d'une force déterminée, ne permette pas à la preffion intérieure de s'élever au delà de certaines bornes, comme, par exemple, de 2 lignes de mercure. Mais fi, au lieu de cette foupape, on ne faifoit ufage, comme dans les précédentes expériences, que d'un appendice, formant par le bas de la machine, entr'elle & l'atmofphère, une communication libre, qui ne feroit interrompue que quand les Navigateurs en tiendroient l'orifice fermé, les réfultats infcrits fur le tableau que nous avons donné, n'en feroient pas moins exacts. Il arriveroit feulement que la preffion intérieure devenent nulle beaucoup plus fréquemment, & toutes les fois que les Voyageurs abandonneroient, pendant un certain temps, le foin de l'appendice, il deviendra auffi plus fouvent néceffaire de jetter du left, pour empêcher des defcentes toujours prêtes à fe faire; ce qui à cet égard abrégeroit d'autant la durée du voyage: mais, d'un autre côté, pour peu que l'étoffe fût perméable à un certain point, il pourroit y avoir quelque avantage à n'entretenir habituellement aucune preffion dans la machine, pour ne pas ajouter à la tendance naturelle du gaz, pour s'échapper. On peut donc fe paffer de la foupape que nous avons propofée, dans le cas où l'étoffe feroit d'une nature très imparfaite; mais alors le ballon intérieur ne feroit d'aucun ufage pour faire monter la machine; aucune force ne tendroit à en faire fortir l'air atmofphérique,

& le left qu'il faudroit jeter pour déterminer ce mouvement, agiroit précifément comme fi ce ballon n'exiftoit pas. Ce mécanifme ne pourroit donc plus fervir que pour faire defcendre l'aéroftat, & perdroit par conféquent la moitié de fes propriétés. Il faut remarquer encore que la limite inférieure d'équilibre fe trouvant bientôt plus élevée que la furface de la terre, il deviendra dès-lors néceffaire, pour defcendre tout-à-fait, d'ouvrir, par le haut de la machine, une iffue à l'air inflammable, & que la foupape, appliquée à la partie fupérieure, qu'on a toujours employée jufqu'ici, & qui s'ouvre de dehors en dedans, par le moyen d'un cordon aboutiffant à la galerie, mérite à cet égard d'être confervée. Mais on voit par-là, que c'eft à jufte titre que, dans mon mémoire général, j'ai préféré une difpofition différente de la capacité deftinée à renfermer l'air atmofphérique. Après avoir parcouru toutes les méthodes poffibles, j'ai propofé de loger au contraire le ballon à air inflammable dans l'intérieur de l'autre; par-là, l'efpace occupé par l'air atmofphérique n'ayant jamais d'autres bornes que celles mêmes que lui preferit l'étendue totale de la machine, il n'exifteroit plus alors de limite inférieure d'équilibre; & quelque part que l'aéroftat fût porté, il pourroit toujours revenir jufqu'à terre, ou occuper toutes les pofitions intermédiaires, fans jamais évacuer d'air inflammable. C'eft donc un avantage de plus à ajouter à celui que j'avois remarqué d'éviter par ce moyen à l'enveloppe qui contient ce gaz léger, toute efpèce de tenfion propre à en accélérer la perte. Cette enveloppe feroit d'ailleurs à l'abri de toute infulte, & de nombreufes raifons fe réuniffent ainfi pour faire regarder cette conftruction comme préférable à toute autre. Quoi qu'il en foit, le ballon dont nous nous occupons aura toujours la faculté de fe mouvoir à volonté dans une étendue de 566 toifes, & de chercher dans cet intervalle la direction du vent qui lui fera la plus favorable. C'eft à l'expérience à montrer fi cette latitude eft fuffifante & proportionnée aux diftances que la Nature a mifes entre les différentes couches de vent.

Il feroit également impoffible de déterminer d'avance quelle peut être la durée du voyage que fera cette machine. Cette queftion dépend abfolument du degré d'imperméabilité de l'étoffe qui y a été employée. Mais on voit, par le tableau inféré ci-deffus, qu'en la fuppofant chargée de trois perfonnes, la navigation finiroit quand l'air, déplacé par la machine à fa plus haute pofition, ne peferoit plus que 1305 livres, ou quand le poids de l'air inflammable, toujours la fixième partie de celui que nous venons d'écrire, feroit par conféquent de 217 livres & demie. On voit d'un autre côté, que fi la machine part avec 80 livres d'excès de légèreté, & va en conféquence fe placer d'abord à une hauteur correfpondante au troifième terme du même tableau, elle déplacera alors 2561 liv. d'air commun; d'où il fuit, qu'elle contiendra 393 livres & demie d'air inflammable. Il faut donc qu'il fe perde 176 livres de gaz, pour que la navigation ceſſe. Or, la machine partie des Tuileries le 1ᵉʳ Décembre dernier, a perdu 7 livres d'air inflammable en un peu moins de deux heures, comme on a pu le voir par le calcul que j'ai donné à ce ſujet dans le Journal de Paris. Puis donc qu'à parité d'étoffe, les déperditions qui ſe font ſont en raiſon compoſée des ſurfaces & des preſſions, & que le machine dont il s'agit ici a une ſuperficie un peu plus que double de celle du ballon des Tuileries, il ne nous manque que de connoître le rapport des preſſions intérieures dues à la peſanteur des machines, qui ſont les ſeules que nous conſidérerons ici. Nous avons déjà déterminé celle qui regarde la machine actuelle, & nous l'avons trouvée de ¼ de ligne de mercure. En faiſant les mêmes raiſonnemens ſur celle des Tuileries, on trouve que la preſſion moyenne qu'elle éprouvoit, pouvoit être d'environ ⅕ de ligne. Combinant donc ce rapport avec celui des ſurfaces, il en réſultera que la déperdition de la machine dont il s'agit ici, peut-être triple de celle du ballon des Thuileries, c'eſt-à-dire, qu'elle laiſſeroit échapper 21 liv. d'air inflammable en deux heures, & qu'il lui faudroit par conſéquent dix-ſept heures pour perdre les 176 livres deſquelles dépend le terme de ſa navigation. On voit, par le même raiſonnement, & en conſultant le dernier terme du tableau, que, pour mettre la machine hors d'état de porter, même un ſeul homme, il faudroit qu'elle eût perdu 224 livres d'air inflammable; ce qui donne vingt-une heures pour la plus grande durée poſſible du voyage avec un ſeul Navigateur. Ce calcul ſuppoſe que, pour une machine donnée, la déperdition d'air inflammable, évaluée ainſi en poids, eſt la même à toutes ſortes de hauteurs, & c'eſt ce qu'il eſt encore aiſé de démontrer. En effet, à meſure que le poids de l'aéroſtat diminue, la preſſion qu'il occaſionne contre l'hémiſphère ſupérieure, diminue dans le même rapport; mais la hauteur augmentant en même temps, la denſité de l'air ambiant, ainſi que celle de l'air inflammable contenu, décroiſſent encore de même. L'écoulement de l'air inflammable eſt donc dû continuellement à une force qui varie dans le même rapport que ſa denſité, & il en doit par conſéquent ſortir des maſſes égales en temps égaux, quelle que ſoit la hauteur de la machine.

Ce calcul au ſurplus eſt néceſſairement fort hypothétique, & dépend d'un grand nombre de choſes qu'on ne ſauroit prévoir avec quelque certitude. Il ſuppoſe en effet que l'enveloppe actuelle eſt de même nature que celle qui fut employée aux Tuileries, & il peut à cet égard y avoir des différences. L'action de la chaleur peut encore influer beaucoup ſur la déperdition de l'air inflammable, & d'une manière certainement incalculable: mais il n'y a aucune raiſon pour ſuppoſer les réſultats que nous venons de donner, plutôt trop forts que trop foibles, & l'événement ſeul peut prononcer.

Je terminerai ce Mémoire, en faiſant obſerver que les différens calculs que j'y ai mis en uſage, ne doivent pas non plus être regardés comme d'une exactitude rigoureuſe. Le baromètre eſt rarement à 28 pouces juſte;

la température eft fouvent fort différente de celle de 10 degrés fur laquelle j'ai toujours compté ; elle varie prodigieufement à des hauteurs différentes, & l'air inflammable peut avoir un degré de légèreté différent de celui que je lui ai fuppofé. Enfin, je n'ai jamais tenu compte de la preffion intérieure de 2 lignes de mercure, quand il s'eft agi d'évaluer les poids des maffes d'air renfermées dans la machine, parce que cette preffion fera naturellement très-variable, & toujours exceffivement petite, par rapport à celle de l'atmofphère ; mais, en pareille matière, il eft impoffible de fe conduire autrement qu'en prenant fur chaque objet la moyenne la plus vraifemblable, & il n'en peut réfulter au furplus aucune erreur de quelque importance pour les objets que nous avons eus en vue.

E x t r a i t des Regiftres de l'Académie Royale des Sciences, du 3 Juillet 1784.

Les Commiffaires de l'Académie nommés pour examiner un Mémoire de M. Meufnier *fur l'équilibre des machines aéroftatiques à air inflammable ; fur les moyens de les faire monter & defcendre, & fpécialement fur celui d'exécuter ces manœuvres, fans jeter de left & fans perdre d'air inflammable, en ménageant dans le ballon une capacité particulière deftinée à renfermer de l'air atmofphérique ;* préfenté à l'Académie le 3 Décembre 1783, & que M. Meufnier a demandé d'imprimer, en ont fait le rapport fuivant.

Dans ce Mémoire, M. Meufnier expofe les principes fur lefquels eft établi l'équilibre des aéroftats à air inflammable dans l'atmofphère, & fait voir, d'une manière très-claire, que les moyens que l'on a employés jufqu'ici pour les faire monter & defcendre, ne peuvent leur procurer la faculté de refter d'une manière fixe dans les couches de l'atmofphère où on fe proposeroit de les faire demeurer. Ayant fait voir l'infuffifance de ces moyens à cet égard, il expofe, avec la même clarté, ceux qui font indiqués dans le titre de fon Mémoire, pour y fuppléer, & prouve évidemment que, par ces moyens, on peut, après avoir une fois déterminé la plus grande hauteur où l'on veut s'élever, refter exactement dans telle couche qu'on voudra, defcendre dans une autre, &, fi l'on veut, y refter de même, remonter encore, &c. Ces manœuvres font d'autant plus importantes, qu'elles mettent à portée de louvoyer, fi cela fe peut dire, de haut en bas, & de bas en haut, & de fe fixer dans l'air de vent dont la direction paroît la plus conforme à la route que l'on veut fuivre. D'après cet expofé, nous croyons que l'Académie a pu prendre une idée du Mémoire de M. Meufnier, & des raifons qui nous le font croire très-digne de l'impreffion. Fait dans l'Académie des Sciences, le 3 Juillet 1784.

Je certifie le préfent extrait conforme à l'original & au jugement de l'Académie. A Paris, ce 3 Juillet 1784. Signé *le Marquis* DE CONDORCET.

www.ingramcontent.com/pod-product-compliance
Lightning Source LLC
Chambersburg PA
CBHW060509200326
41520CB00017B/4965